U1011373

中华人民共和国社区矫正法
中华人民共和国社区矫正法实施办法

中国法制出版社

中华人民共和国社区矫正法

中华人民共和国社区矫正法实施办法

ZHONGHUA RENMIN GONGHEGUO SHEQU JIAOZHENGFA

ZHONGHUA RENMIN GONGHEGUO SHEQU JIAOZHENGFA SHISHI BANFA

经销/新华书店

印刷/北京海纳百川印刷有限公司

开本/850 毫米×1168 毫米　32 开　　印张/1.5　字数/23 千

版次/2020 年 7 月第 1 版　　2023 年 3 月第 3 次印刷

中国法制出版社出版

书号 ISBN 978-7-5216-1175-5　　定价：6.00 元

北京市西城区西便门西里甲 16 号西便门办公区

邮政编码：100053　　传真：010-63141600

网址：http：//www.zgfzs.com　　编辑部电话：010-63141673

市场营销部电话：010-63141612　　印务部电话：010-63141606

（如有印装质量问题，请与本社印务部联系。）

目　　录

中华人民共和国社区矫正法

（2019 年 12 月 28 日第十三届全国人民代表大会常务委员会第十五次会议通过　2019 年 12 月 28 日中华人民共和国主席令第 40 号公布　自 2020 年 7 月 1 日起施行）

目　　录

第一章　总　　则

第一条　为了推进和规范社区矫正工作，保障刑事判决、刑事裁定和暂予监外执行决定的正确执行，提高教育矫正质量，促进社区矫正对象顺利融入社会，预防和减少犯罪，根据宪法，制定本法。

第二条　对被判处管制、宣告缓刑、假释和暂予监外执行的罪犯，依法实行社区矫正。

对社区矫正对象的监督管理、教育帮扶等活动，适用本法。

第三条　社区矫正工作坚持监督管理与教育帮扶相结合，专门机关与社会力量相结合，采取分类管理、个别化矫正，有针对性地消除社区矫正对象可能重新犯罪的因素，帮助其成为守法公民。

第四条　社区矫正对象应当依法接受社区矫正，服从监督管理。

社区矫正工作应当依法进行，尊重和保障人权。社区矫正对象依法享有的人身权利、财产权利和其他权利不受侵犯，在就业、就学和享受社会保障等方面不受歧视。

第五条　国家支持社区矫正机构提高信息化水平，运用现代信息技术开展监督管理和教育帮扶。社区矫正工作相关部门之间依法进行信息共享。

第六条　各级人民政府应当将社区矫正经费列入本级政府预算。

居民委员会、村民委员会和其他社会组织依法协助社区矫正机构开展工作所需的经费应当按照规定列入社区矫正机构本级政府预算。

第七条 对在社区矫正工作中做出突出贡献的组织、个人，按照国家有关规定给予表彰、奖励。

第二章 机构、人员和职责

第八条 国务院司法行政部门主管全国的社区矫正工作。县级以上地方人民政府司法行政部门主管本行政区域内的社区矫正工作。

人民法院、人民检察院、公安机关和其他有关部门依照各自职责，依法做好社区矫正工作。人民检察院依法对社区矫正工作实行法律监督。

地方人民政府根据需要设立社区矫正委员会，负责统筹协调和指导本行政区域内的社区矫正工作。

第九条 县级以上地方人民政府根据需要设置社区矫正机构，负责社区矫正工作的具体实施。社区矫正机构的设置和撤销，由县级以上地方人民政府司法行政部门提出意见，按照规定的权限和程序审批。

司法所根据社区矫正机构的委托，承担社区矫正相关工作。

第十条 社区矫正机构应当配备具有法律等专业知识的专门国家工作人员（以下称社区矫正机构工作人员），履行监督管理、教育帮扶等执法职责。

第十一条 社区矫正机构根据需要，组织具有法律、教育、心理、社会工作等专业知识或者实践经验的社会工作者开展社区矫正相关工作。

第十二条 居民委员会、村民委员会依法协助社区矫正机构做好社区矫正工作。

社区矫正对象的监护人、家庭成员，所在单位或者就读学校应当协助社区矫正机构做好社区矫正工作。

第十三条 国家鼓励、支持企业事业单位、社会组织、志愿者等社会力量依法参与社区矫正工作。

第十四条 社区矫正机构工作人员应当严格遵守宪法和法律，忠于职守，严守纪律，清正廉洁。

第十五条 社区矫正机构工作人员和其他参与社区矫正工作的人员依法开展社区矫正工作，受法律保护。

第十六条 国家推进高素质的社区矫正工作队伍建设。社区矫正机构应当加强对社区矫正工作人员的管理、监督、培训和职业保障，不断提高社区矫正工作的规范化、专业化水平。

第三章 决定和接收

第十七条 社区矫正决定机关判处管制、宣告缓刑、裁定假释、决定或者批准暂予监外执行时应当确定社区矫正执行地。

社区矫正执行地为社区矫正对象的居住地。社区矫正对象在多个地方居住的，可以确定经常居住地为执行地。

社区矫正对象的居住地、经常居住地无法确定或者不适宜执行社区矫正的，社区矫正决定机关应当根据有利于社区矫正对象接受矫正、更好地融入社会的原则，确定执行地。

本法所称社区矫正决定机关，是指依法判处管制、宣告缓刑、裁定假释、决定暂予监外执行的人民法院和依法批准暂予监外执行的监狱管理机关、公安机关。

第十八条 社区矫正决定机关根据需要，可以委托社区矫正机构或者有关社会组织对被告人或者罪犯的社会危险性和对所居住社区的影响，进行调查评估，提出意见，供决定社区矫正时参考。居民委员会、村民委员会等组织应当提供必要的协助。

第十九条 社区矫正决定机关判处管制、宣告缓刑、裁定假释、决定或者批准暂予监外执行，应当按照刑法、刑事诉讼法等法律规定的条件和程序进行。

社区矫正决定机关应当对社区矫正对象进行教育，告知其在社区矫正期间应当遵守的规定以及违反规定的法律后果，责令其按时报到。

第二十条 社区矫正决定机关应当自判决、裁定或者决定生效之日起五日内通知执行地社区矫正机构，并在十日内送达有关法律文书，同时抄送人民检察院和执行地公安机关。社区矫正决定地与执行地不在同一地方的，由执行地社区矫正机构将法律文书转送所在地的人民检察院、公安机关。

第二十一条 人民法院判处管制、宣告缓刑、裁定假释的社区矫正对象，应当自判决、裁定生效之日起十日内到执行地社区矫正机构报到。

人民法院决定暂予监外执行的社区矫正对象，由看守所或者执行取保候审、监视居住的公安机关自收到决定之日起十日内将社区矫正对象移送社区矫正机构。

监狱管理机关、公安机关批准暂予监外执行的社区矫正对象，由监狱或者看守所自收到批准决定之日起十日内将社区矫正对象移送社区矫正机构。

第二十二条 社区矫正机构应当依法接收社区矫正对象，核对法律文书、核实身份、办理接收登记、建立档案，并宣告社区矫正对象的犯罪事实、执行社区矫正的期限以及应当遵守的规定。

第四章 监督管理

第二十三条 社区矫正对象在社区矫正期间应当遵守法律、行政法规，履行判决、裁定、暂予监外执行决定等法律文书确定的义务，遵守国务院司法行政部门关于报告、会客、外出、迁居、保外就医等监督管理规定，服从社区矫正机构的管理。

第二十四条 社区矫正机构应当根据裁判内容和社区

矫正对象的性别、年龄、心理特点、健康状况、犯罪原因、犯罪类型、犯罪情节、悔罪表现等情况，制定有针对性的矫正方案，实现分类管理、个别化矫正。矫正方案应当根据社区矫正对象的表现等情况相应调整。

第二十五条 社区矫正机构应当根据社区矫正对象的情况，为其确定矫正小组，负责落实相应的矫正方案。

根据需要，矫正小组可以由司法所、居民委员会、村民委员会的人员，社区矫正对象的监护人、家庭成员，所在单位或者就读学校的人员以及社会工作者、志愿者等组成。社区矫正对象为女性的，矫正小组中应有女性成员。

第二十六条 社区矫正机构应当了解掌握社区矫正对象的活动情况和行为表现。社区矫正机构可以通过通信联络、信息化核查、实地查访等方式核实有关情况，有关单位和个人应当予以配合。

社区矫正机构开展实地查访等工作时，应当保护社区矫正对象的身份信息和个人隐私。

第二十七条 社区矫正对象离开所居住的市、县或者迁居，应当报经社区矫正机构批准。社区矫正机构对于有正当理由的，应当批准；对于因正常工作和生活需要经常性跨市、县活动的，可以根据情况，简化批准程序和方式。

因社区矫正对象迁居等原因需要变更执行地的，社区矫正机构应当按照有关规定作出变更决定。社区矫正机构作出变更决定后，应当通知社区矫正决定机关和变更后的社区矫正机构，并将有关法律文书抄送变更后的社区矫正机构。变更后的社区矫正机构应当将法律文书转送所在地的人民检察院、公安机关。

第二十八条 社区矫正机构根据社区矫正对象的表现，依照有关规定对其实施考核奖惩。社区矫正对象认罪悔罪、遵守法律法规、服从监督管理、接受教育表现突出的，应当给予表扬。社区矫正对象违反法律法规或者监督管理规定的，应当视情节依法给予训诫、警告、提请公安机关予以治安管理处罚，或者依法提请撤销缓刑、撤销假释、对暂予监外执行的收监执行。

对社区矫正对象的考核结果，可以作为认定其是否确有悔改表现或者是否严重违反监督管理规定的依据。

第二十九条 社区矫正对象有下列情形之一的，经县级司法行政部门负责人批准，可以使用电子定位装置，加强监督管理：

（一）违反人民法院禁止令的；

（二）无正当理由，未经批准离开所居住的市、县的；

（三）拒不按照规定报告自己的活动情况，被给予警告的；

（四）违反监督管理规定，被给予治安管理处罚的；

（五）拟提请撤销缓刑、假释或者暂予监外执行收监执行的。

前款规定的使用电子定位装置的期限不得超过三个月。对于不需要继续使用的，应当及时解除；对于期限届满后，经评估仍有必要继续使用的，经过批准，期限可以延长，每次不得超过三个月。

社区矫正机构对通过电子定位装置获得的信息应当严格保密，有关信息只能用于社区矫正工作，不得用于其他用途。

第三十条 社区矫正对象失去联系的，社区矫正机构应当立即组织查找，公安机关等有关单位和人员应当予以配合协助。查找到社区矫正对象后，应当区别情形依法作出处理。

第三十一条 社区矫正机构发现社区矫正对象正在实施违反监督管理规定的行为或者违反人民法院禁止令等违法行为的，应当立即制止；制止无效的，应当立即通知公安机关到场处置。

第三十二条 社区矫正对象有被依法决定拘留、强制隔离戒毒、采取刑事强制措施等限制人身自由情形的，有关机关应当及时通知社区矫正机构。

第三十三条 社区矫正对象符合刑法规定的减刑条件的，社区矫正机构应当向社区矫正执行地的中级以上人民法院提出减刑建议，并将减刑建议书抄送同级人民检察院。

人民法院应当在收到社区矫正机构的减刑建议书后三十日内作出裁定，并将裁定书送达社区矫正机构，同时抄送人民检察院、公安机关。

第三十四条 开展社区矫正工作，应当保障社区矫正对象的合法权益。社区矫正的措施和方法应当避免对社区矫正对象的正常工作和生活造成不必要的影响；非依法律规定，不得限制或者变相限制社区矫正对象的人身自由。

社区矫正对象认为其合法权益受到侵害的，有权向人民检察院或者有关机关申诉、控告和检举。受理机关应当及时办理，并将办理结果告知申诉人、控告人和检举人。

第五章　教育帮扶

第三十五条　县级以上地方人民政府及其有关部门应当通过多种形式为教育帮扶社区矫正对象提供必要的场所和条件，组织动员社会力量参与教育帮扶工作。

有关人民团体应当依法协助社区矫正机构做好教育帮扶工作。

第三十六条　社区矫正机构根据需要，对社区矫正对象进行法治、道德等教育，增强其法治观念，提高其道德素质和悔罪意识。

对社区矫正对象的教育应当根据其个体特征、日常表现等实际情况，充分考虑其工作和生活情况，因人施教。

第三十七条　社区矫正机构可以协调有关部门和单位，依法对就业困难的社区矫正对象开展职业技能培训、就业指导，帮助社区矫正对象中的在校学生完成学业。

第三十八条　居民委员会、村民委员会可以引导志愿者和社区群众，利用社区资源，采取多种形式，对有特殊困难的社区矫正对象进行必要的教育帮扶。

第三十九条　社区矫正对象的监护人、家庭成员，所在单位或者就读学校应当协助社区矫正机构做好对社区矫正对象的教育。

第四十条 社区矫正机构可以通过公开择优购买社区矫正社会工作服务或者其他社会服务，为社区矫正对象在教育、心理辅导、职业技能培训、社会关系改善等方面提供必要的帮扶。

社区矫正机构也可以通过项目委托社会组织等方式开展上述帮扶活动。国家鼓励有经验和资源的社会组织跨地区开展帮扶交流和示范活动。

第四十一条 国家鼓励企业事业单位、社会组织为社区矫正对象提供就业岗位和职业技能培训。招用符合条件的社区矫正对象的企业，按照规定享受国家优惠政策。

第四十二条 社区矫正机构可以根据社区矫正对象的个人特长，组织其参加公益活动，修复社会关系，培养社会责任感。

第四十三条 社区矫正对象可以按照国家有关规定申请社会救助、参加社会保险、获得法律援助，社区矫正机构应当给予必要的协助。

第六章 解除和终止

第四十四条 社区矫正对象矫正期满或者被赦免的，社区矫正机构应当向社区矫正对象发放解除社区矫正证明书，并通知社区矫正决定机关、所在地的人民检察院、公安机关。

第四十五条 社区矫正对象被裁定撤销缓刑、假释，被决定收监执行，或者社区矫正对象死亡的，社区矫正终止。

第四十六条 社区矫正对象具有刑法规定的撤销缓刑、假释情形的，应当由人民法院撤销缓刑、假释。

对于在考验期限内犯新罪或者发现判决宣告以前还有其他罪没有判决的，应当由审理该案件的人民法院撤销缓刑、假释，并书面通知原审人民法院和执行地社区矫正机构。

对于有第二款规定以外的其他需要撤销缓刑、假释情形的，社区矫正机构应当向原审人民法院或者执行地人民法院提出撤销缓刑、假释建议，并将建议书抄送人民检察院。社区矫正机构提出撤销缓刑、假释建议时，应当说明理由，并提供有关证据材料。

第四十七条 被提请撤销缓刑、假释的社区矫正对象可能逃跑或者可能发生社会危险的，社区矫正机构可以在提出撤销缓刑、假释建议的同时，提请人民法院决定对其予以逮捕。

人民法院应当在四十八小时内作出是否逮捕的决定。决定逮捕的，由公安机关执行。逮捕后的羁押期限不得超过三十日。

第四十八条 人民法院应当在收到社区矫正机构撤销缓刑、假释建议书后三十日内作出裁定，将裁定书送达社区矫正机构和公安机关，并抄送人民检察院。

人民法院拟撤销缓刑、假释的，应当听取社区矫正对象的申辩及其委托的律师的意见。

人民法院裁定撤销缓刑、假释的，公安机关应当及时将社区矫正对象送交监狱或者看守所执行。执行以前被逮捕的，羁押一日折抵刑期一日。

人民法院裁定不予撤销缓刑、假释的，对被逮捕的社区矫正对象，公安机关应当立即予以释放。

第四十九条 暂予监外执行的社区矫正对象具有刑事诉讼法规定的应当予以收监情形的，社区矫正机构应当向执行地或者原社区矫正决定机关提出收监执行建议，并将建议书抄送人民检察院。

社区矫正决定机关应当在收到建议书后三十日内作出决定，将决定书送达社区矫正机构和公安机关，并抄送人民检察院。

人民法院、公安机关对暂予监外执行的社区矫正对象决定收监执行的，由公安机关立即将社区矫正对象送交监狱或者看守所收监执行。

监狱管理机关对暂予监外执行的社区矫正对象决定收监执行的，监狱应当立即将社区矫正对象收监执行。

第五十条 被裁定撤销缓刑、假释和被决定收监执行的社区矫正对象逃跑的，由公安机关追捕，社区矫正机构、有关单位和个人予以协助。

第五十一条 社区矫正对象在社区矫正期间死亡的，其监护人、家庭成员应当及时向社区矫正机构报告。社区矫正机构应当及时通知社区矫正决定机关、所在地的人民检察院、公安机关。

第七章　未成年人社区矫正特别规定

第五十二条　社区矫正机构应当根据未成年社区矫正对象的年龄、心理特点、发育需要、成长经历、犯罪原因、家庭监护教育条件等情况，采取针对性的矫正措施。

社区矫正机构为未成年社区矫正对象确定矫正小组，应当吸收熟悉未成年人身心特点的人员参加。

对未成年人的社区矫正，应当与成年人分别进行。

第五十三条　未成年社区矫正对象的监护人应当履行监护责任，承担抚养、管教等义务。

监护人怠于履行监护职责的，社区矫正机构应当督促、教育其履行监护责任。监护人拒不履行监护职责的，通知有关部门依法作出处理。

第五十四条　社区矫正机构工作人员和其他依法参与社区矫正工作的人员对履行职责过程中获得的未成年人身份信息应当予以保密。

除司法机关办案需要或者有关单位根据国家规定查询外，未成年社区矫正对象的档案信息不得提供给任何单位或者个人。依法进行查询的单位，应当对获得的信息予以保密。

第五十五条　对未完成义务教育的未成年社区矫正对象，社区矫正机构应当通知并配合教育部门为其完成义务教育提供条件。未成年社区矫正对象的监护人应当依法保证其按时入学接受并完成义务教育。

年满十六周岁的社区矫正对象有就业意愿的，社区矫正机构可以协调有关部门和单位为其提供职业技能培训，给予就业指导和帮助。

第五十六条 共产主义青年团、妇女联合会、未成年人保护组织应当依法协助社区矫正机构做好未成年人社区矫正工作。

国家鼓励其他未成年人相关社会组织参与未成年人社区矫正工作，依法给予政策支持。

第五十七条 未成年社区矫正对象在复学、升学、就业等方面依法享有与其他未成年人同等的权利，任何单位和个人不得歧视。有歧视行为的，应当由教育、人力资源和社会保障等部门依法作出处理。

第五十八条 未成年社区矫正对象在社区矫正期间年满十八周岁的，继续按照未成年人社区矫正有关规定执行。

第八章 法律责任

第五十九条 社区矫正对象在社区矫正期间有违反监督管理规定行为的，由公安机关依照《中华人民共和国治安管理处罚法》的规定给予处罚；具有撤销缓刑、假释或者暂予监外执行收监情形的，应当依法作出处理。

第六十条 社区矫正对象殴打、威胁、侮辱、骚扰、报复社区矫正机构工作人员和其他依法参与社区矫正工作的人员及其近亲属，构成犯罪的，依法追究刑事责任；尚不构成犯罪的，由公安机关依法给予治安管理处罚。

第六十一条 社区矫正机构工作人员和其他国家工作人员有下列行为之一的，应当给予处分；构成犯罪的，依法追究刑事责任：

（一）利用职务或者工作便利索取、收受贿赂的；

（二）不履行法定职责的；

（三）体罚、虐待社区矫正对象，或者违反法律规定限制或者变相限制社区矫正对象的人身自由的；

（四）泄露社区矫正工作秘密或者其他依法应当保密的信息的；

（五）对依法申诉、控告或者检举的社区矫正对象进行打击报复的；

（六）有其他违纪违法行为的。

第六十二条 人民检察院发现社区矫正工作违反法律规定的，应当依法提出纠正意见、检察建议。有关单位应当将采纳纠正意见、检察建议的情况书面回复人民检察院，没有采纳的应当说明理由。

第九章 附 则

第六十三条 本法自2020年7月1日起施行。

中华人民共和国
社区矫正法实施办法

（2020年6月18日　司发通〔2020〕59号）

第一条　为了推进和规范社区矫正工作，根据《中华人民共和国刑法》《中华人民共和国刑事诉讼法》《中华人民共和国社区矫正法》等有关法律规定，制定本办法。

第二条　社区矫正工作坚持党的绝对领导，实行党委政府统一领导、司法行政机关组织实施、相关部门密切配合、社会力量广泛参与、检察机关法律监督的领导体制和工作机制。

第三条　地方人民政府根据需要设立社区矫正委员会，负责统筹协调和指导本行政区域内的社区矫正工作。

司法行政机关向社区矫正委员会报告社区矫正工作开展情况，提请社区矫正委员会协调解决社区矫正工作中的问题。

第四条　司法行政机关依法履行以下职责：

（一）主管本行政区域内社区矫正工作；

（二）对本行政区域内设置和撤销社区矫正机构提出意见；

（三）拟定社区矫正工作发展规划和管理制度，监督检查社区矫正法律法规和政策的执行情况；

（四）推动社会力量参与社区矫正工作；

（五）指导支持社区矫正机构提高信息化水平；

（六）对在社区矫正工作中作出突出贡献的组织、个人，按照国家有关规定给予表彰、奖励；

（七）协调推进高素质社区矫正工作队伍建设；

（八）其他依法应当履行的职责。

第五条 人民法院依法履行以下职责：

（一）拟判处管制、宣告缓刑、决定暂予监外执行的，可以委托社区矫正机构或者有关社会组织对被告人或者罪犯的社会危险性和对所居住社区的影响，进行调查评估，提出意见，供决定社区矫正时参考；

（二）对执行机关报请假释的，审查执行机关移送的罪犯假释后对所居住社区影响的调查评估意见；

（三）核实并确定社区矫正执行地；

（四）对被告人或者罪犯依法判处管制、宣告缓刑、裁定假释、决定暂予监外执行；

（五）对社区矫正对象进行教育，及时通知并送达法律文书；

（六）对符合撤销缓刑、撤销假释或者暂予监外执行收监执行条件的社区矫正对象，作出判决、裁定和决定；

（七）对社区矫正机构提请逮捕的，及时作出是否逮捕的决定；

（八）根据社区矫正机构提出的减刑建议作出裁定；

（九）其他依法应当履行的职责。

第六条 人民检察院依法履行以下职责：

（一）对社区矫正决定机关、社区矫正机构或者有关社会组织的调查评估活动实行法律监督；

（二）对社区矫正决定机关判处管制、宣告缓刑、裁定假释、决定或者批准暂予监外执行活动实行法律监督；

（三）对社区矫正法律文书及社区矫正对象交付执行活动实行法律监督；

（四）对监督管理、教育帮扶社区矫正对象的活动实行法律监督；

（五）对变更刑事执行、解除矫正和终止矫正的活动实行法律监督；

（六）受理申诉、控告和举报，维护社区矫正对象的合法权益；

（七）按照刑事诉讼法的规定，在对社区矫正实行法律监督中发现司法工作人员相关职务犯罪，可以立案侦查直接受理的案件；

（八）其他依法应当履行的职责。

第七条 公安机关依法履行以下职责：

（一）对看守所留所服刑罪犯拟暂予监外执行的，可以委托开展调查评估；

（二）对看守所留所服刑罪犯拟暂予监外执行的，核实并确定社区矫正执行地；对符合暂予监外执行条件的，批准暂予监外执行；对符合收监执行条件的，作出收监执行的决定；

（三）对看守所留所服刑罪犯批准暂予监外执行的，进行教育，及时通知并送达法律文书；依法将社区矫正对象交付执行；

（四）对社区矫正对象予以治安管理处罚；到场处置经社区矫正机构制止无效，正在实施违反监督管理规定或者违反人民法院禁止令等违法行为的社区矫正对象；协助社区矫正机构处置突发事件；

（五）协助社区矫正机构查找失去联系的社区矫正对象；执行人民法院作出的逮捕决定；被裁定撤销缓刑、撤销假释和被决定收监执行的社区矫正对象逃跑的，予以追捕；

（六）对裁定撤销缓刑、撤销假释，或者对人民法院、公安机关决定暂予监外执行收监的社区矫正对象，送交看守所或者监狱执行；

（七）执行限制社区矫正对象出境的措施；

（八）其他依法应当履行的职责。

第八条　监狱管理机关以及监狱依法履行以下职责：

（一）对监狱关押罪犯拟提请假释的，应当委托进行调查评估；对监狱关押罪犯拟暂予监外执行的，可以委托进行调查评估；

（二）对监狱关押罪犯拟暂予监外执行的，依法核实并确定社区矫正执行地；对符合暂予监外执行条件的，监狱管理机关作出暂予监外执行决定；

（三）对监狱关押罪犯批准暂予监外执行的，进行教育，及时通知并送达法律文书；依法将社区矫正对象交付执行；

（四）监狱管理机关对暂予监外执行罪犯决定收监执行的，原服刑或者接收其档案的监狱应当立即将罪犯收监执行；

（五）其他依法应当履行的职责。

第九条 社区矫正机构是县级以上地方人民政府根据需要设置的，负责社区矫正工作具体实施的执行机关。社区矫正机构依法履行以下职责：

（一）接受委托进行调查评估，提出评估意见；

（二）接收社区矫正对象，核对法律文书、核实身份、办理接收登记，建立档案；

（三）组织入矫和解矫宣告，办理入矫和解矫手续；

（四）建立矫正小组、组织矫正小组开展工作，制定和落实矫正方案；

（五）对社区矫正对象进行监督管理，实施考核奖惩；审批会客、外出、变更执行地等事项；了解掌握社区矫正对象的活动情况和行为表现；组织查找失去联系的社区矫正对象，查找后依情形作出处理；

（六）提出治安管理处罚建议，提出减刑、撤销缓刑、撤销假释、收监执行等变更刑事执行建议，依法提请逮捕；

（七）对社区矫正对象进行教育帮扶，开展法治道德等教育，协调有关方面开展职业技能培训、就业指导，组织公益活动等事项；

（八）向有关机关通报社区矫正对象情况，送达法律文书；

（九）对社区矫正工作人员开展管理、监督、培训，落实职业保障；

（十）其他依法应当履行的职责。

设置和撤销社区矫正机构，由县级以上地方人民政府司法行政部门提出意见，按照规定的权限和程序审批。社区矫正日常工作由县级社区矫正机构具体承担；未设置县级社区矫正机构的，由上一级社区矫正机构具体承担。省、市两级社区矫正机构主要负责监督指导、跨区域执法的组织协调以及与同级社区矫正决定机关对接的案件办理工作。

第十条 司法所根据社区矫正机构的委托，承担社区矫正相关工作。

第十一条 社区矫正机构依法加强信息化建设，运用现代信息技术开展监督管理和教育帮扶。

社区矫正工作相关部门之间依法进行信息共享，人民法院、人民检察院、公安机关、司法行政机关依法建立完善社区矫正信息交换平台，实现业务协同、互联互通，运用现代信息技术及时准确传输交换有关法律文书，根据需要实时查询社区矫正对象交付接收、监督管理、教育帮扶、脱离监管、被治安管理处罚、被采取强制措施、变更刑事执行、办理再犯罪案件等情况，共享社区矫正工作动态信息，提高社区矫正信息化水平。

第十二条 对拟适用社区矫正的，社区矫正决定机关应当核实社区矫正对象的居住地。社区矫正对象在多个地方居住的，可以确定经常居住地为执行地。没有居住地，居住地、经常居住地无法确定或者不适宜执行社区矫正的，应当根据有利于社区矫正对象接受矫正、更好地融入社会的原则，确定社区矫正执行地。被确定为执行地的社区矫正机构应当及时接收。

社区矫正对象的居住地是指其实际居住的县（市、区）。社区矫正对象的经常居住地是指其经常居住的，有固定住所、固定生活来源的县（市、区）。

社区矫正对象应如实提供其居住、户籍等情况，并提供必要的证明材料。

第十三条 社区矫正决定机关对拟适用社区矫正的被告人、罪犯，需要调查其社会危险性和对所居住社区影响的，可以委托拟确定为执行地的社区矫正机构或者有关社会组织进行调查评估。社区矫正机构或者有关社会组织收到委托文书后应当及时通知执行地县级人民检察院。

第十四条 社区矫正机构、有关社会组织接受委托后，应当对被告人或者罪犯的居所情况、家庭和社会关系、犯罪行为的后果和影响、居住地村（居）民委员会和被害人意见、拟禁止的事项、社会危险性、对所居住社区的影响等情况进行调查了解，形成调查评估意见，与相关材料一起提交委托机关。调查评估时，相关单位、部门、村（居）

民委员会等组织、个人应当依法为调查评估提供必要的协助。

社区矫正机构、有关社会组织应当自收到调查评估委托函及所附材料之日起十个工作日内完成调查评估，提交评估意见。对于适用刑事案件速裁程序的，应当在五个工作日内完成调查评估，提交评估意见。评估意见同时抄送执行地县级人民检察院。需要延长调查评估时限的，社区矫正机构、有关社会组织应当与委托机关协商，并在协商确定的期限内完成调查评估。因被告人或者罪犯的姓名、居住地不真实、身份不明等原因，社区矫正机构、有关社会组织无法进行调查评估的，应当及时向委托机关说明情况。社区矫正决定机关对调查评估意见的采信情况，应当在相关法律文书中说明。

对调查评估意见以及调查中涉及的国家秘密、商业秘密、个人隐私等信息，应当保密，不得泄露。

第十五条 社区矫正决定机关应当对社区矫正对象进行教育，书面告知其到执行地县级社区矫正机构报到的时间期限以及逾期报到或者未报到的后果，责令其按时报到。

第十六条 社区矫正决定机关应当自判决、裁定或者决定生效之日起五日内通知执行地县级社区矫正机构，并在十日内将判决书、裁定书、决定书、执行通知书等法律文书送达执行地县级社区矫正机构，同时抄送人民检察院。收到法律文书后，社区矫正机构应当在五日内送达回执。

社区矫正对象前来报到时，执行地县级社区矫正机构未收到法律文书或者法律文书不齐全，应当先记录在案，为其办理登记接收手续，并通知社区矫正决定机关在五日内送达或者补齐法律文书。

第十七条 被判处管制、宣告缓刑、裁定假释的社区矫正对象到执行地县级社区矫正机构报到时，社区矫正机构应当核对法律文书、核实身份，办理登记接收手续。对社区矫正对象存在因行动不便、自行报到确有困难等特殊情况的，社区矫正机构可以派员到其居住地等场所办理登记接收手续。

暂予监外执行的社区矫正对象，由公安机关、监狱或者看守所依法移送至执行地县级社区矫正机构，办理交付接收手续。罪犯原服刑地与居住地不在同一省、自治区、直辖市，需要回居住地暂予监外执行的，原服刑地的省级以上监狱管理机关或者设区的市一级以上公安机关应当书面通知罪犯居住地的监狱管理机关、公安机关，由其指定一所监狱、看守所接收社区矫正对象档案，负责办理其收监、刑满释放等手续。对看守所留所服刑罪犯暂予监外执行，原服刑地与居住地在同一省、自治区、直辖市的，可以不移交档案。

第十八条 执行地县级社区矫正机构接收社区矫正对象后，应当建立社区矫正档案，包括以下内容：

（一）适用社区矫正的法律文书；

（二）接收、监管审批、奖惩、收监执行、解除矫正、终止矫正等有关社区矫正执行活动的法律文书；

（三）进行社区矫正的工作记录；

（四）社区矫正对象接受社区矫正的其他相关材料。

接受委托对社区矫正对象进行日常管理的司法所应当建立工作档案。

第十九条 执行地县级社区矫正机构、受委托的司法所应当为社区矫正对象确定矫正小组，与矫正小组签订矫正责任书，明确矫正小组成员的责任和义务，负责落实矫正方案。

矫正小组主要开展下列工作：

（一）按照矫正方案，开展个案矫正工作；

（二）督促社区矫正对象遵纪守法，遵守社区矫正规定；

（三）参与对社区矫正对象的考核评议和教育活动；

（四）对社区矫正对象走访谈话，了解其思想、工作和生活情况，及时向社区矫正机构或者司法所报告；

（五）协助对社区矫正对象进行监督管理和教育帮扶；

（六）协助社区矫正机构或者司法所开展其他工作。

第二十条 执行地县级社区矫正机构接收社区矫正对象后，应当组织或者委托司法所组织入矫宣告。

入矫宣告包括以下内容：

（一）判决书、裁定书、决定书、执行通知书等有关法律文书的主要内容；

（二）社区矫正期限；

（三）社区矫正对象应当遵守的规定、被剥夺或者限制行使的权利、被禁止的事项以及违反规定的法律后果；

（四）社区矫正对象依法享有的权利；

（五）矫正小组人员组成及职责；

（六）其他有关事项。

宣告由社区矫正机构或者司法所的工作人员主持，矫正小组成员及其他相关人员到场，按照规定程序进行。宣告后，社区矫正对象应当在书面材料上签字，确认已经了解所宣告的内容。

第二十一条 社区矫正机构应当根据社区矫正对象被判处管制、宣告缓刑、假释和暂予监外执行的不同裁判内容和犯罪类型、矫正阶段、再犯罪风险等情况，进行综合评估，划分不同类别，实施分类管理。

社区矫正机构应当把社区矫正对象的考核结果和奖惩情况作为分类管理的依据。

社区矫正机构对不同类别的社区矫正对象，在矫正措施和方法上应当有所区别，有针对性地开展监督管理和教育帮扶工作。

第二十二条 执行地县级社区矫正机构、受委托的司法所要根据社区矫正对象的性别、年龄、心理特点、健康状况、犯罪原因、悔罪表现等具体情况，制定矫正方案，有针对性地消除社区矫正对象可能重新犯罪的因素，帮助其成为守法公民。

矫正方案应当包括社区矫正对象基本情况、对社区矫正对象的综合评估结果、对社区矫正对象的心理状态和其他特殊情况的分析、拟采取的监督管理、教育帮扶措施等内容。

矫正方案应当根据分类管理的要求、实施效果以及社区矫正对象的表现等情况，相应调整。

第二十三条 执行地县级社区矫正机构、受委托的司法所应当根据社区矫正对象的个人生活、工作及所处社区的实际情况，有针对性地采取通信联络、信息化核查、实地查访等措施，了解掌握社区矫正对象的活动情况和行为表现。

第二十四条 社区矫正对象应当按照有关规定和社区矫正机构的要求，定期报告遵纪守法、接受监督管理、参加教育学习、公益活动和社会活动等情况。发生居所变化、工作变动、家庭重大变故以及接触对其矫正可能产生不利影响人员等情况时，应当及时报告。被宣告禁止令的社区矫正对象应当定期报告遵守禁止令的情况。

暂予监外执行的社区矫正对象应当每个月报告本人身体情况。保外就医的，应当到省级人民政府指定的医院检查，每三个月向执行地县级社区矫正机构、受委托的司法所提交病情复查情况。执行地县级社区矫正机构根据社区矫正对象的病情及保证人等情况，可以调整报告身体情况和提交复查情况的期限。延长一个月至三个月以下的，报上一级社区矫正机构批准；延长三个月以上的，逐级上报省级社区矫正机构批准。批准延长的，执行地县级社区矫正机构应当及时通报同级人民检察院。

社区矫正机构根据工作需要，可以协调对暂予监外执行的社区矫正对象进行病情诊断、妊娠检查或者生活不能自理的鉴别。

第二十五条 未经执行地县级社区矫正机构批准，社区矫正对象不得接触其犯罪案件中的被害人、控告人、举报人，不得接触同案犯等可能诱发其再犯罪的人。

第二十六条 社区矫正对象未经批准不得离开所居住市、县。确有正当理由需要离开的，应当经执行地县级社区矫正机构或者受委托的司法所批准。

社区矫正对象外出的正当理由是指就医、就学、参与诉讼、处理家庭或者工作重要事务等。

前款规定的市是指直辖市的城市市区、设区的市的城市市区和县级市的辖区。在设区的同一市内跨区活动的，不属于离开所居住的市、县。

第二十七条 社区矫正对象确需离开所居住的市、县的，一般应当提前三日提交书面申请，并如实提供诊断证明、单位证明、入学证明、法律文书等材料。

申请外出时间在七日内的，经执行地县级社区矫正机构委托，可以由司法所批准，并报执行地县级社区矫正机构备案；超过七日的，由执行地县级社区矫正机构批准。执行地县级社区矫正机构每次批准外出的时间不超过三十日。

因特殊情况确需外出超过三十日的，或者两个月内外出时间累计超过三十日的，应报上一级社区矫正机构审批。上一级社区矫正机构批准社区矫正对象外出的，执行地县级社区矫正机构应当及时通报同级人民检察院。

第二十八条 在社区矫正对象外出期间，执行地县级社区矫正机构、受委托的司法所应当通过电话通讯、实时视频等方式实施监督管理。

执行地县级社区矫正机构根据需要，可以协商外出目的地社区矫正机构协助监督管理，并要求社区矫正对象在到达和离开时向当地社区矫正机构报告，接受监督管理。外出目的地社区矫正机构在社区矫正对象报告后，可以通过电话通讯、实地查访等方式协助监督管理。

社区矫正对象应在外出期限届满前返回居住地，并向执行地县级社区矫正机构或者司法所报告，办理手续。因特殊原因无法按期返回的，应及时向社区矫正机构或者司法所报告情况。发现社区矫正对象违反外出管理规定的，社区矫正机构应当责令其立即返回，并视情节依法予以处理。

第二十九条 社区矫正对象确因正常工作和生活需要经常性跨市、县活动的，应当由本人提出书面申请，写明理由、经常性去往市县名称、时间、频次等，同时提供相应证明，由执行地县级社区矫正机构批准，批准一次的有效期为六个月。在批准的期限内，社区矫正对象到批准市、县活动的，可以通过电话、微信等方式报告活动情况。到期后，社区矫正对象仍需要经常性跨市、县活动的，应当重新提出申请。

第三十条 社区矫正对象因工作、居所变化等原因需要变更执行地的，一般应当提前一个月提出书面申请，并提供相应证明材料，由受委托的司法所签署意见后报执行地县级社区矫正机构审批。

执行地县级社区矫正机构收到申请后，应当在五日内书面征求新执行地县级社区矫正机构的意见。新执行地县级社区矫正机构接到征求意见函后，应当在五日内核实有关情况，作出是否同意接收的意见并书面回复。执行地县级社区矫正机构根据回复意见，作出决定。执行地县级社区矫正机构对新执行地县级社区矫正机构的回复意见有异议的，可以报上一级社区矫正机构协调解决。

经审核，执行地县级社区矫正机构不同意变更执行地的，应在决定作出之日起五日内告知社区矫正对象。同意变更执行地的，应对社区矫正对象进行教育，书面告知其到新执行地县级社区矫正机构报到的时间期限以及逾期报到或者未报到的后果，责令其按时报到。

第三十一条 同意变更执行地的，原执行地县级社区矫正机构应当在作出决定之日起五日内，将有关法律文书和档案材料移交新执行地县级社区矫正机构，并将有关法律文书抄送社区矫正决定机关和原执行地县级人民检察院、公安机关。新执行地县级社区矫正机构收到法律文书和档案材料后，在五日内送达回执，并将有关法律文书抄送所在地县级人民检察院、公安机关。

同意变更执行地的，社区矫正对象应当自收到变更执行地决定之日起七日内，到新执行地县级社区矫正机构报到。新执行地县级社区矫正机构应当核实身份、办理登记接收手续。发现社区矫正对象未按规定时间报到的，新执行地县级社区矫正机构应当立即通知原执行地县级社区矫正机构，由原执行地县级社区矫正机构组织查找。未及时办理交付接收，造成社区矫正对象脱管漏管的，原执行地社区矫正机构会同新执行地社区矫正机构妥善处置。

对公安机关、监狱管理机关批准暂予监外执行的社区矫正对象变更执行地的，公安机关、监狱管理机关在收到社区矫正机构送达的法律文书后，应与新执行地同级公安机关、监狱管理机关办理交接。新执行地的公安机关、监狱管理机关应指定一所看守所、监狱接收社区矫正对象档案，负责办理其收监、刑满释放等手续。看守所、监狱在接收档案之日起五日内，应当将有关情况通报新执行地县级社区矫正机构。对公安机关批准暂予监外执行的社区矫正对象在同一省、自治区、直辖市变更执行地的，可以不移交档案。

第三十二条 社区矫正机构应当根据有关法律法规、部门规章和其他规范性文件，建立内容全面、程序合理、易于操作的社区矫正对象考核奖惩制度。

社区矫正机构、受委托的司法所应当根据社区矫正对象认罪悔罪、遵守有关规定、服从监督管理、接受教育等情况，定期对其考核。对于符合表扬条件、具备训诫、警告情形的社区矫正对象，经执行地县级社区矫正机构决定，可以给予其相应奖励或者处罚，作出书面决定。对于涉嫌违反治安管理行为的社区矫正对象，执行地县级社区矫正机构可以向同级公安机关提出建议。社区矫正机构奖励或者处罚的书面决定应当抄送人民检察院。

社区矫正对象的考核结果与奖惩应当书面通知其本人，定期公示，记入档案，做到准确及时、公开公平。社区矫正对象对考核奖惩提出异议的，执行地县级社区矫正机构应当及时处理，并将处理结果告知社区矫正对象。社区矫正对象对处理结果仍有异议的，可以向人民检察院提出。

第三十三条 社区矫正对象认罪悔罪、遵守法律法规、服从监督管理、接受教育表现突出的，应当给予表扬。

社区矫正对象接受社区矫正六个月以上并且同时符合下列条件的，执行地县级社区矫正机构可以给予表扬：

（一）服从人民法院判决，认罪悔罪；

（二）遵守法律法规；

（三）遵守关于报告、会客、外出、迁居等规定，服从社区矫正机构的管理；

（四）积极参加教育学习等活动，接受教育矫正的。

社区矫正对象接受社区矫正期间，有见义勇为、抢险救灾等突出表现，或者帮助他人、服务社会等突出事迹的，执行地县级社区矫正机构可以给予表扬。对于符合法定减刑条件的，由执行地县级社区矫正机构依照本办法第四十二条的规定，提出减刑建议。

第三十四条 社区矫正对象具有下列情形之一的，执行地县级社区矫正机构应当给予训诫：

（一）不按规定时间报到或者接受社区矫正期间脱离监

管，未超过十日的；

（二）违反关于报告、会客、外出、迁居等规定，情节轻微的；

（三）不按规定参加教育学习等活动，经教育仍不改正的；

（四）其他违反监督管理规定，情节轻微的。

第三十五条 社区矫正对象具有下列情形之一的，执行地县级社区矫正机构应当给予警告：

（一）违反人民法院禁止令，情节轻微的；

（二）不按规定时间报到或者接受社区矫正期间脱离监管，超过十日的；

（三）违反关于报告、会客、外出、迁居等规定，情节较重的；

（四）保外就医的社区矫正对象无正当理由不按时提交病情复查情况，经教育仍不改正的；

（五）受到社区矫正机构两次训诫，仍不改正的；

（六）其他违反监督管理规定，情节较重的。

第三十六条 社区矫正对象违反监督管理规定或者人民法院禁止令，依法应予治安管理处罚的，执行地县级社区矫正机构应当及时提请同级公安机关依法给予处罚，并向执行地同级人民检察院抄送治安管理处罚建议书副本，及时通知处理结果。

第三十七条 电子定位装置是指运用卫星等定位技术，能对社区矫正对象进行定位等监管，并具有防拆、防爆、防水等性能的专门的电子设备，如电子定位腕带等，但不包括手机等设备。

对社区矫正对象采取电子定位装置进行监督管理的，应当告知社区矫正对象监管的期限、要求以及违反监管规定的后果。

第三十八条 发现社区矫正对象失去联系的，社区矫正机构应当立即组织查找，可以采取通信联络、信息化核查、实地查访等方式查找，查找时要做好记录，固定证据。查找不到的，社区矫正机构应当及时通知公安机关，公安机关应当协助查找。社区矫正机构应当及时将组织查找的情况通报人民检察院。

查找到社区矫正对象后，社区矫正机构应当根据其脱离监管的情形，给予相应处置。虽能查找到社区矫正对象下落但其拒绝接受监督管理的，社区矫正机构应当视情节依法提请公安机关予以治安管理处罚，或者依法提请撤销缓刑、撤销假释、对暂予监外执行的收监执行。

第三十九条 社区矫正机构根据执行禁止令的需要，可以协调有关的部门、单位、场所、个人协助配合执行禁止令。

对禁止令确定需经批准才能进入的特定区域或者场所，社区矫正对象确需进入的，应当经执行地县级社区矫正机构批准，并通知原审人民法院和执行地县级人民检察院。

第四十条 发现社区矫正对象有违反监督管理规定或者人民法院禁止令等违法情形的，执行地县级社区矫正机构应当调查核实情况，收集有关证据材料，提出处理意见。

社区矫正机构发现社区矫正对象有撤销缓刑、撤销假释或者暂予监外执行收监执行的法定情形的，应当组织开展调查取证工作，依法向社区矫正决定机关提出撤销缓刑、撤销假释或者暂予监外执行收监执行建议，并将建议书抄送同级人民检察院。

第四十一条 社区矫正对象被依法决定行政拘留、司法拘留、强制隔离戒毒等或者因涉嫌犯新罪、发现判决宣告前还有其他罪没有判决被采取强制措施的，决定机关应当自作出决定之日起三日内将有关情况通知执行地县级社区矫正机构和执行地县级人民检察院。

第四十二条 社区矫正对象符合法定减刑条件的，由执行地县级社区矫正机构提出减刑建议书并附相关证据材料，报经地（市）社区矫正机构审核同意后，由地（市）社区矫正机构提请执行地的中级人民法院裁定。

依法应由高级人民法院裁定的减刑案件，由执行地县级社区矫正机构提出减刑建议书并附相关证据材料，逐级上报省级社区矫正机构审核同意后，由省级社区矫正机构提请执行地的高级人民法院裁定。

人民法院应当自收到减刑建议书和相关证据材料之日起三十日内依法裁定。

社区矫正机构减刑建议书和人民法院减刑裁定书副本，应当同时抄送社区矫正执行地同级人民检察院、公安机关及罪犯原服刑或者接收其档案的监狱。

第四十三条 社区矫正机构、受委托的司法所应当充分利用地方人民政府及其有关部门提供的教育帮扶场所和有关条件，按照因人施教的原则，有针对性地对社区矫正对象开展教育矫正活动。

社区矫正机构、司法所应当根据社区矫正对象的矫正阶段、犯罪类型、现实表现等实际情况，对其实施分类教育；应当结合社区矫正对象的个体特征、日常表现等具体情况，进行个别教育。

社区矫正机构、司法所根据需要可以采用集中教育、网上培训、实地参观等多种形式开展集体教育；组织社区矫正对象参加法治、道德等方面的教育活动；根据社区矫正对象的心理健康状况，对其开展心理健康教育、实施心理辅导。

社区矫正机构、司法所可以通过公开择优购买服务或者委托社会组织执行项目等方式，对社区矫正对象开展教育活动。

第四十四条 执行地县级社区矫正机构、受委托的司法所按照符合社会公共利益的原则，可以根据社区矫正对象的劳动能力、健康状况等情况，组织社区矫正对象参加公益活动。

第四十五条 执行地县级社区矫正机构、受委托的司法所依法协调有关部门和单位，根据职责分工，对遇到暂时生活困难的社区矫正对象提供临时救助；对就业困难的社区矫正对象提供职业技能培训和就业指导；帮助符合条件的社区矫正对象落实社会保障措施；协助在就学、法律援助等方面遇到困难的社区矫正对象解决问题。

第四十六条 社区矫正对象在缓刑考验期内，有下列情形之一的，由执行地同级社区矫正机构提出撤销缓刑建议：

（一）违反禁止令，情节严重的；

（二）无正当理由不按规定时间报到或者接受社区矫正期间脱离监管，超过一个月的；

（三）因违反监督管理规定受到治安管理处罚，仍不改正的；

（四）受到社区矫正机构两次警告，仍不改正的；

（五）其他违反有关法律、行政法规和监督管理规定，情节严重的情形。

社区矫正机构一般向原审人民法院提出撤销缓刑建议。如果原审人民法院与执行地同级社区矫正机构不在同一省、自治区、直辖市的，可以向执行地人民法院提出建议，执行地人民法院作出裁定的，裁定书同时抄送原审人民法院。

社区矫正机构撤销缓刑建议书和人民法院的裁定书副本同时抄送社区矫正执行地同级人民检察院。

第四十七条 社区矫正对象在假释考验期内，有下列情形之一的，由执行地同级社区矫正机构提出撤销假释建议：

（一）无正当理由不按规定时间报到或者接受社区矫正期间脱离监管，超过一个月的；

（二）受到社区矫正机构两次警告，仍不改正的；

（三）其他违反有关法律、行政法规和监督管理规定，尚未构成新的犯罪的。

社区矫正机构一般向原审人民法院提出撤销假释建议。如果原审人民法院与执行地同级社区矫正机构不在同一省、自治区、直辖市的，可以向执行地人民法院提出建议，执行地人民法院作出裁定的，裁定书同时抄送原审人民法院。

社区矫正机构撤销假释的建议书和人民法院的裁定书副本同时抄送社区矫正执行地同级人民检察院、公安机关、罪犯原服刑或者接收其档案的监狱。

第四十八条 被提请撤销缓刑、撤销假释的社区矫正对象具备下列情形之一的，社区矫正机构在提出撤销缓刑、撤销假释建议书的同时，提请人民法院决定对其予以逮捕：

（一）可能逃跑的；

（二）具有危害国家安全、公共安全、社会秩序或者他人人身安全现实危险的；

（三）可能对被害人、举报人、控告人或者社区矫正机构工作人员等实施报复行为的；

（四）可能实施新的犯罪的。

社区矫正机构提请人民法院决定逮捕社区矫正对象时，应当提供相应证据，移送人民法院审查决定。

社区矫正机构提请逮捕、人民法院作出是否逮捕决定的法律文书，应当同时抄送执行地县级人民检察院。

第四十九条 暂予监外执行的社区矫正对象有下列情形之一的，由执行地县级社区矫正机构提出收监执行建议：

（一）不符合暂予监外执行条件的；

（二）未经社区矫正机构批准擅自离开居住的市、县，经警告拒不改正，或者拒不报告行踪，脱离监管的；

（三）因违反监督管理规定受到治安管理处罚，仍不改正的；

（四）受到社区矫正机构两次警告的；

（五）保外就医期间不按规定提交病情复查情况，经警告拒不改正的；

（六）暂予监外执行的情形消失后，刑期未满的；

（七）保证人丧失保证条件或者因不履行义务被取消保证人资格，不能在规定期限内提出新的保证人的；

（八）其他违反有关法律、行政法规和监督管理规定，情节严重的情形。

社区矫正机构一般向执行地社区矫正决定机关提出收监执行建议。如果原社区矫正决定机关与执行地县级社区矫正机构在同一省、自治区、直辖市的，可以向原社区矫正决定机关提出建议。

社区矫正机构的收监执行建议书和决定机关的决定书，应当同时抄送执行地县级人民检察院。

第五十条 人民法院裁定撤销缓刑、撤销假释或者决定暂予监外执行收监执行的，由执行地县级公安机关本着就近、便利、安全的原则，送交社区矫正对象执行地所属的省、自治区、直辖市管辖范围内的看守所或者监狱执行刑罚。

公安机关决定暂予监外执行收监执行的，由执行地县级公安机关送交存放或者接收罪犯档案的看守所收监执行。

监狱管理机关决定暂予监外执行收监执行的，由存放或者接收罪犯档案的监狱收监执行。

第五十一条 撤销缓刑、撤销假释的裁定和收监执行的决定生效后，社区矫正对象下落不明的，应当认定为在逃。

被裁定撤销缓刑、撤销假释和被决定收监执行的社区矫正对象在逃的，由执行地县级公安机关负责追捕。撤销缓刑、撤销假释裁定书和对暂予监外执行罪犯收监执行决定书，可以作为公安机关追逃依据。

第五十二条 社区矫正机构应当建立突发事件处置机制，发现社区矫正对象非正常死亡、涉嫌实施犯罪、参与群体性事件的，应当立即与公安机关等有关部门协调联动、妥善处置，并将有关情况及时报告上一级社区矫正机构，同时通报执行地人民检察院。

第五十三条 社区矫正对象矫正期限届满，且在社区矫正期间没有应当撤销缓刑、撤销假释或者暂予监外执行收监执行情形的，社区矫正机构依法办理解除矫正手续。

社区矫正对象一般应当在社区矫正期满三十日前，作出个人总结，执行地县级社区矫正机构应当根据其在接受社区矫正期间的表现等情况作出书面鉴定，与安置帮教工作部门做好衔接工作。

执行地县级社区矫正机构应当向社区矫正对象发放解除社区矫正证明书，并书面通知社区矫正决定机关，同时抄送执行地县级人民检察院和公安机关。

公安机关、监狱管理机关决定暂予监外执行的社区矫正对象刑期届满的，由看守所、监狱依法为其办理刑满释放手续。

社区矫正对象被赦免的，社区矫正机构应当向社区矫正对象发放解除社区矫正证明书，依法办理解除矫正手续。

第五十四条 社区矫正对象矫正期满，执行地县级社区矫正机构或者受委托的司法所可以组织解除矫正宣告。

解矫宣告包括以下内容：

（一）宣读对社区矫正对象的鉴定意见；

（二）宣布社区矫正期限届满，依法解除社区矫正；

（三）对判处管制的，宣布执行期满，解除管制；对宣告缓刑的，宣布缓刑考验期满，原判刑罚不再执行；对裁定假释的，宣布考验期满，原判刑罚执行完毕。

宣告由社区矫正机构或者司法所工作人员主持，矫正小组成员及其他相关人员到场，按照规定程序进行。

第五十五条 社区矫正机构、受委托的司法所应当根据未成年社区矫正对象的年龄、心理特点、发育需要、成长经历、犯罪原因、家庭监护教育条件等情况，制定适应未成年人特点的矫正方案，采取有益于其身心健康发展、融入正常社会生活的矫正措施。

社区矫正机构、司法所对未成年社区矫正对象的相关信息应当保密。对未成年社区矫正对象的考核奖惩和宣告不公开进行。对未成年社区矫正对象进行宣告或者处罚时，应通知其监护人到场。

社区矫正机构、司法所应当选任熟悉未成年人身心特点，具有法律、教育、心理等专业知识的人员负责未成年人社区矫正工作，并通过加强培训、管理，提高专业化水平。

第五十六条 社区矫正工作人员的人身安全和职业尊严受法律保护。

对任何干涉社区矫正工作人员执法的行为，社区矫正工作人员有权拒绝，并按照规定如实记录和报告。对于侵犯社区矫正工作人员权利的行为，社区矫正工作人员有权提出控告。

社区矫正工作人员因依法履行职责遭受不实举报、诬告陷害、侮辱诽谤，致使名誉受到损害的，有关部门或者个人应当及时澄清事实，消除不良影响，并依法追究相关单位或者个人的责任。

对社区矫正工作人员追究法律责任，应当根据其行为的危害程度、造成的后果、以及责任大小予以确定，实事求是，过罚相当。社区矫正工作人员依法履职的，不能仅因社区矫正对象再犯罪而追究其法律责任。

第五十七条 有关单位对人民检察院的书面纠正意见在规定的期限内没有回复纠正情况的，人民检察院应当督促回复。经督促被监督单位仍不回复或者没有正当理由不纠正的，人民检察院应当向上一级人民检察院报告。

有关单位对人民检察院的检察建议在规定的期限内经督促无正当理由不予整改或者整改不到位的，检察机关可以将相关情况报告上级人民检察院，通报被建议单位的上级机关、行政主管部门或者行业自律组织等，必要时可以报告同级党委、人大，通报同级政府、纪检监察机关。

第五十八条　本办法所称“以上”“内”，包括本数；“以下”“超过”，不包括本数。

第五十九条　本办法自2020年7月1日起施行。最高人民法院、最高人民检察院、公安部、司法部2012年1月10日印发的《社区矫正实施办法》（司发通〔2012〕12号）同时废止。